達克比辦案 ⑫

雨林縱火犯

生物多樣性與熱帶雨林生態系

文 胡妙芬　　圖 柯智元

達克比形象原創 彭永成

親子天下

課本像漫畫書，童年夢想實現了

臺灣大學昆蟲系名譽教授、蜻蜓石有機生態農場場長 **石正人**

讀漫畫，看卡通，一直是小朋友的最愛。回想小學時，放學回家的路上，最期待的是經過出租漫畫店，大家湊點錢，好幾個同學擠在一起，爭看《諸葛四郎大戰魔鬼黨》，書中的四郎與真平，成了我心目中的英雄人物。我常常看到忘記回家，還勞動學校老師出來趕人，當時心中嘀咕著：「如果課本像漫畫書，不知有多好！」

拿到【達克比辦案】系列書稿，看著看著竟然就翻到最後一頁，欲罷不能。這是一本將知識融入漫畫的書，非常吸引人。作者以動物警察達克比為主角，合理的帶讀者深入動物世界，調查各種動物世界的行為和生態，透過漫畫呈現很多深奧的知識，例如擬態、偽裝、共生、演化等，躍然紙上非常有趣。書中不時穿插「小檔案」和「辦案筆記」等，讓人覺得像是在看CSI影片一樣的精采，而很多生命科學的知識，已經不知不覺進入到讀者腦海中。

真是為現代的學生感到高興，有這麼精采的科學漫畫讀本，也期待動物警察達克比，繼續帶領大家深入生物世界，發掘更多、更新鮮的知識。我相信，有一天達克比在小孩的心目中，會像是我小時候心目中的四郎和真平一般。

我幼年期待的夢想：「如果課本像漫畫書」，真的是實現了！

- -

從故事中學習科學研究的方法與態度

臺灣大學森林環境暨資源學系教授與國際長 **袁孝維**

【達克比辦案】系列漫畫趣味橫生，將課堂裡的生物知識轉換成幽默風趣的故事。主角是一隻可以上天下海、縮小變身的動物警察達克比，他以專業辦案手法，加上偶然出錯的小插曲，將不同的動物行為及生態知識，用各個事件發生的方式一一呈現。案件裡的關鍵人物陸續出場，各個角色之間互動對話，達克比抽絲剝繭，理出頭緒，還認真的寫了學習單和「我的辦案心得筆記」。書裡傳達的不僅是知識，而是藉由說故事的過程，教導小朋友如何擬定假說、邏輯思考、比對驗證等科學研究方法與態度。不得不佩服作者由故事發想、構思、布局，再藉由繪者的妙手生動活潑呈現的高超境界了。

作者是我臺大動物所的學妹胡妙芬，有豐厚的專業背景，因此這一系列的科普漫畫書，添加趣味性與擬人化，讓小朋友在開心快樂的閱讀氛圍裡，獲得正確的科學知識；在大笑之餘，也能得到滿滿的收穫。

閱讀達克比，科普原力與你同在

108課綱中自然領域裡增加「探究與實作」課程，可見探究學習是培養未來人才的重要素養。如何在生活閱讀中培養孩子的探究力，「探究式閱讀」是一個不錯的選擇。

什麼，閱讀也能培養探究力？不錯，閱讀確實能夠培養出孩子的探究力。正如黃國珍老師在《探究式閱讀》中所言：「一趟疑問與發現交織的思考之旅，帶領我們從未知邁向已知。」但想要讓孩子探究，首先要能吸引孩子閱讀。這系列就是開啟孩子探究式閱讀最好的入門書，因為趣味漫畫式的文圖和豐富新奇的科普知識，都是開啟孩子好奇心的要素。

在孩子閱讀時，可以運用提問和孩子聊聊新發現：書中的哪部分覺得有趣、驚奇？有疑惑時，可以怎麼做來解決？熱帶雨林對臺灣有什麼樣的意義？這些圖表對於閱讀有什麼幫助？透過提問，孩子也能像達克比一樣化身為小偵探，張開敏銳的觀察天線，發現文本中的細節與關鍵點，將訊息詮釋整合，讀出作者及繪者的創作深意。

讓我們和達克比一樣，放眼世界，化身成生態保育的捍衛戰警，在閱讀、觀察與思辯中，將知識內化成充沛的科普原力吧！

用達克比翻轉腦袋，變成科學探究思考腦！

資深國小教師、教育部101年度閱讀磐石個人獎得主 **林怡辰**

在臺中市科博館中，導覽老師問：「你們知道為什麼這個澎湖古象，是澎湖的漁民從海底挖出來的嗎？」「因為冰河時期那裡是陸地！」小學三年級的孩子大聲說出來。大家驚訝的鼓掌，而導覽老師說從來沒看過實力如此堅強的三年級孩子，還拚命追問是資優班嗎？是都市的學校嗎？「我們來自彰化偏鄉。」我笑笑說道。那個孩子跑了過來，對我眨了眨眼：「老師，因為我都有看達克比！」我說：「我知道！老師也是忠實讀者！」

場景換到科博館的植物園。導覽老師說：「為什麼雨林植物的葉片會自己長出一個個的大洞？這可不是動物割出來的喔！」「我我我！我猜是因為雨林樹木太高，要留一點陽光給下面的植物。」另一個小學三年級的孩子大聲說出來。這下子，連我都驚訝了！心想達克比新的一集還沒出版，這孩子怎麼就知道了？結果他笑笑說：「我就自然想到啦！」

等到我翻開新的一集，發現好書的底蘊就是這樣，不斷的經由觀察、發現問題、有根據的猜測、提出假設、驗證。雖然孩子說的話不盡然正確，但在達克比超高動機的切入，全班孩子不斷反覆閱讀，已經熟悉這樣「科學偵探」的思考模式。不用說、不用講，孩子自己會去想、會猜測，成為科學探究思考腦。終於等到新的一集出版了，趕快放一本在教室，他們一定又為之瘋狂！我呢，真心感謝這個系列，也請你和孩子千萬不要錯過喔！

目錄

鴨嘴獸「達克比」是一個動物警察，
駐守在河邊的小木屋派出所。

達克比的任務裝備

達克比，游河裡，上山下海，哪兒都去；
有愛心，守正義，打擊犯罪，他跑第一。

猜猜看，他會遇到什麼有趣的動物案件呢？

微笑警徽
希望天下太平、世界大同。

潛水鏡
為了耍帥，隨時戴著。

嘴
扁嘴巴，沒有牙，
最恨被看做鴨子嘴。

紅領巾
熱愛紅色，
代表滿腔的熱血。

警用背包
裡面什麼都有，
出門辦案時還能順
便帶乖乖和點心。

生物縮小糖
最新科技，
吃一顆，
身體就能縮小。

霹靂腰帶
水桶腰，繫起來
勉勉強強。

尾巴
又寬又扁，
適合在水中快速游泳。

警棍
用來打擊犯罪，
偶爾也拿來打打棒球。

皮毛
毛皮厚，可防水，
游泳時就像穿著潛水裝。

咦，怎麼搞的？

這裡的樹都燒焦了！

地上的灰燼摸起來，像是才剛發生過火災。

嗯，熱帶雨林到了旱季，的確也可能發生森林大火⋯⋯

可是現在不是旱季，應該不會有天然的火災才對。

難道⋯⋯

野豬小檔案

0　　　　　　　1.7

（單位：公尺）

名　稱	野豬
分　布	適應力強，廣泛分布在世界各地，包括熱帶雨林。
特　徵	頭大、身體粗壯，公豬會長出獠牙。牠們屬於雜食性動物，會攻擊小鹿、兔子等小動物，也吃鳥蛋、昆蟲、植物，甚至動物的死屍。母豬要生小豬前，會拔起許多樹苗建築「產房」，讓人誤以為會「破壞」熱帶雨林。但其實牠們這種行為，可以空出空間讓更多種類的植物生長，使樹木保持多樣化，對熱帶雨林很有幫助。
犯罪嫌疑	無緣無故攻擊警察。

長臂猿，你不是說有人報案他們是縱火犯？

拍

拍

對呀，這傢伙胡說八道，你也信？

踩

我說的是真的！你們看～河濱派出所達克比警官！

啊

哼

：還有我！我是警察總部的考試官。你們的情報哪裡來的？把警察當成犯人未免也太糊塗了吧？

：真……真是抱歉。我們最近太忙了；可能我的同事忙中有錯，害你們受驚嚇，真對不起。長臂猿！快把大家的繩子解開～

：謝謝你。警察的辛苦我了解，你們不用太自責。你剛說，這裡有人縱火？

：沒錯！我們正在找犯人……

：你們的派出所為什麼蓋在這麼高的樹上？

：沒辦法。因為熱帶雨林和其他的生態系很不一樣。這裡的空間從地面開始分成五層，其中高高的「樹冠層」才是動物最多的地方。所以我們的派出所蓋在樹冠層，才能服務到最多的動物居民。

：我想起來了！書上說熱帶雨林裡的樹冠層每棵樹的枝葉幾乎都連在一起，形成一片「空中陸地」；所以有些人就在亞洲、歐洲、非洲、大洋洲、北美洲、中南美洲和南極洲等七大洲外，把它叫做「第八大陸」。現在能夠親眼看到，真的好壯觀！我要拍照！

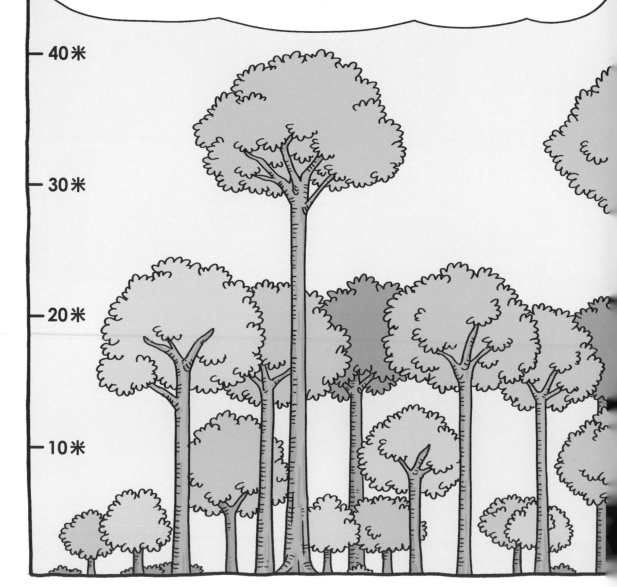

：小朋友你說得很好。不過壯觀歸壯觀，在這裡當警察很不容易……

：啊？為什麼？

：因為熱帶雨林的「生物多樣性」特別高！不只是植物長得密密麻麻，也是地球上動物最密集的地方；所以居民多，摩擦也多。尤其是樹冠層的動物和地面上的動物，兩邊常常為了競爭陽光，吵得不可開交！

：喏，你們聽，他們又跑來派出所吵架了……

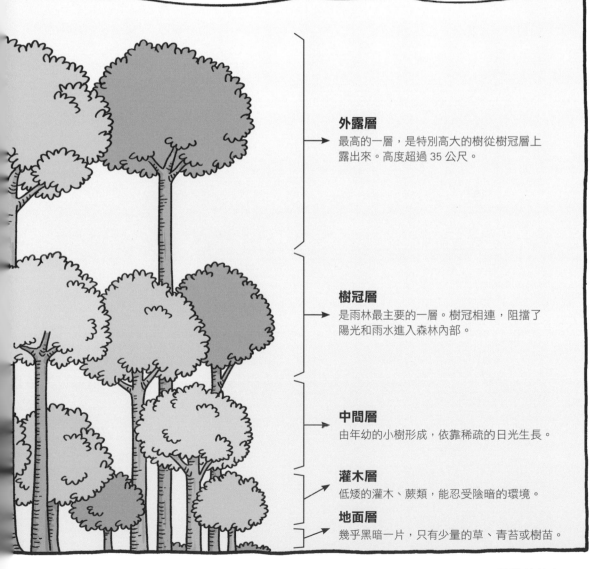

外露層
最高的一層，是特別高大的樹從樹冠層上露出來。高度超過 35 公尺。

樹冠層
是雨林最主要的一層。樹冠相連，阻擋了陽光和雨水進入森林內部。

中間層
由年幼的小樹形成，依靠稀疏的日光生長。

灌木層
低矮的灌木、蕨類，能忍受陰暗的環境。

地面層
幾乎黑暗一片，只有少量的草、青苔或樹苗。

世界主要的熱帶雨林分布

　　熱帶雨林通常分布在赤道附近，日照強烈、氣候炎熱，而且雨量非常充足。在這裡，全年月均溫在 25～28℃ 之間，幾乎沒有季節差異。而且雨林非常潮溼，年雨量在 2000 到 4000 毫米之間，甚至高達 10000 毫米（臺灣年雨量大約 2500 毫米）；所以熱帶雨林是最適合生物生長的地方，全世界超過一半的動植物居住在這裡。

北回歸線

赤道

南回歸線

亞馬遜盆地熱帶雨林：
面積最大，主要包括中美洲東部和亞馬遜河流域。

剛果盆地熱帶雨林：
主要包括剛果盆地和馬達加斯加島東部。

0　　　2000　　　4000
公里

東南亞熱帶雨林：

分佈在東南亞、印度恆河流域、
斯里蘭卡和澳洲東北部。

熱帶雨林

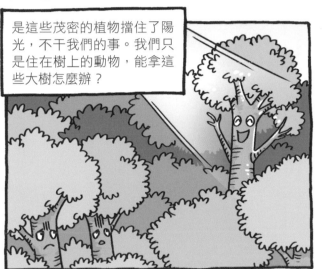

哼，每次都愛來鬧，為什麼我們要體諒他們！

你……

啾

啪

啊

喂！樓上的，為什麼隨便大小便？真不衛生！

哈哈哈，我在幫你們地面「施肥」啊，這樣地面的植物才能長高！

哼！我受夠了！

ㄌㄩㄝ～

ㄌㄩㄝ～

啪

劈哩
劈哩

你……
你要幹什麼？

我要燒掉樹冠層的樹葉，
這樣我們底下才有陽光！
不要攔我～

你敢？！

誰說我不敢？

警察你看～縱火案
就是他們幹的！

因為他們搶陽光，
搶不到就乾脆把
樹燒掉！

別別別別亂說。馬來貘只是一時氣憤，跟縱火案沒有關係～

哼，野豬警察也是地面那一國的，只會幫地面講話。

不不不……沒這回事！

我們身為警察，一切秉公處理！

沒有找到證據之前，不能誣賴別人。

這是做警察最基本的原則。

不信的話，你可以問河濱派出所來的警察，他們一定也是這樣辦案……

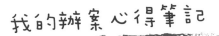

我的辦案心得筆記

報案人：匿名

報案原因：發現雨林連續縱火犯

調查結果：

1. 熱帶雨林的特色有三點：炎熱、雨水多、日照強烈，
   是地球表面動、植物最多，種類最豐富的地方。

2. 熱帶雨林的空間從地面往上分成五層；不同的
   動物住在不同的分層裡。其中樹冠層的枝葉相連，
   形成一片「空中陸地」，是熱帶雨林裡動物最多
   的一層。

3. 熱帶雨林的樹木拚命往上生長，是為了爭奪陽光。

4. 達克比一行人玩了一下午後，正式加入野豬和
   長臂猿的行列，幫忙偵辦縱火案。

調查心得：

生命、陽光、空氣、水，
熱帶雨林都不缺。
是誰放火連環燒？
待我調查大發威。

新血加入

長臂猿！我們出發，準備抓犯人！

猿～豬～合體！

啊哈！

哇哇，好帥！

達克比快，我們也是警察，不能輸！

好，快上來！

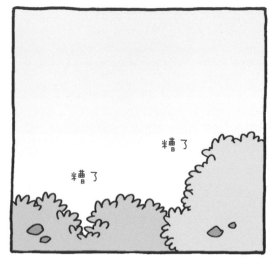

※ 教唆（「唆」念成「ㄙㄨㄛˋ」），就是指使別人犯罪的意思。

黑猩猩小檔案

（單位：公分）

名　稱	黑猩猩
分　布	非洲中西部的熱帶雨林。
特　徵	雜食性動物。毛髮黝黑，智商很高。是世界上基因與人類最接近的動物，相似度高達 98.8％。牠們的手可以抓握物體，能以半直立的姿勢行走。
犯罪嫌疑	教唆水豚去燒柴製造木炭，差點釀成森林大火。

給我從實招來！
是不是你叫水豚去
燒柴做木炭的？

對，是我沒錯。

：你知道他為了燒柴取炭，差點燒了整座雨林嗎？

：吼唷，笨手笨腳！我只需要一些木炭當藥，沒叫他要燒掉森林啊。

：當「藥」？你是説，你要把黑嚕嚕的「木炭」，當成藥來使用？

：沒錯。我是一個醫生，在雨林裡用藥草治療病人。最近我發現木炭能「解毒」，所以請水豚幫我製作一些木炭。

：胡説八道，別以為我們不懂醫藥，就隨便編個理由，想騙過我們？

：是真的！桑吉巴群島的紅疣猴就是這麼做，不信我給你們看科學報告……

桑吉巴紅疣猴研究報告

　　桑吉巴紅疣猴生活在非洲東部外海的桑吉巴群島上。研究人員觀察到，牠們會偷吃人類柴堆裡燒剩的「木炭」。這種行為是透過學習，一代傳給一代。但是一開始是怎麼發生的？沒有人知道。科學家研究認為，可能是因為桑吉巴紅疣猴常吃的芒果或杏仁葉裡含有有毒的「酚」類，吃下木炭則能吸附毒素，幫忙解毒。

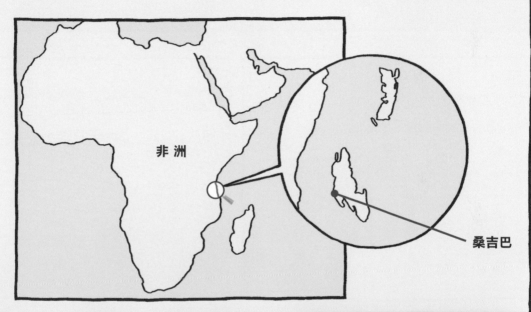

非洲

桑吉巴

原來這是真的，這些紅疣猴真是聰明。

所以我才想準備一些木炭，

如果遇到中毒的病人，就能派上用場。

你是個好醫生。對不起，我們錯怪你了。

尢′ —— 尢′ ——

那是什麼聲音？

聽起來很痛苦的樣子。

那是森林象。大象太太要生了……

她的肚子很痛，但孩子卻一直生不出來。

你們趕快放開我，我正在找藥幫她引產！

※「引產」就是醫生用人工的方法，幫助懷孕的母親順利生產。

可是這裡又沒有藥房，要去哪裡找藥？

怎麼會沒有？

熱帶雨林就是「世界上最大的藥房」！

熱帶雨林是人類的醫藥寶庫

　　熱帶雨林是地球上生物種類最豐富，也就是「生物多樣性」最高的地區。面積只占全球陸地的 7%，卻擁有超過一半的植物種類；像是南美洲的亞馬遜熱帶雨林，植物種類高達一萬多種！其中，不少雨林植物的成分，能幫助人類對抗疾病。人類所使用的現代藥物中，有超過四分之一來自熱帶雨林！所以很多人擔心，如果沒有好好保護熱帶雨林，許多珍貴的藥草很可能還來不及被發現就消失了。

金雞納樹治療瘧疾

金雞納樹可以提煉出天然的「奎寧」，改善瘧疾病人反覆發燒的現象。在 1930 年代之前，奎寧一直是治療瘧疾的唯一藥物。

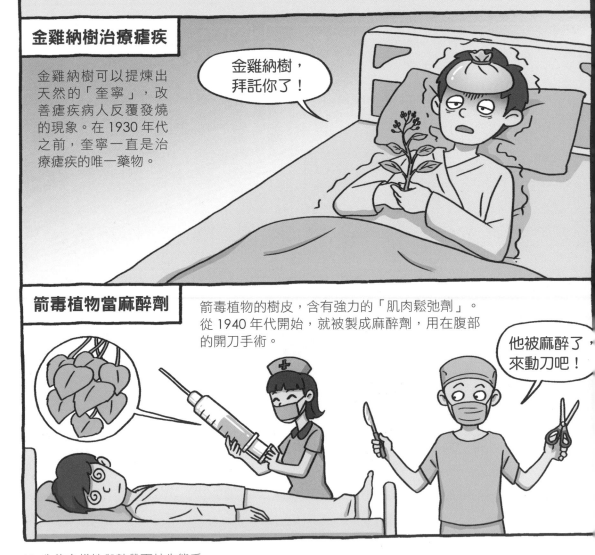

金雞納樹，拜託你了！

箭毒植物當麻醉劑

箭毒植物的樹皮，含有強力的「肌肉鬆弛劑」。從 1940 年代開始，就被製成麻醉劑，用在腹部的開刀手術。

他被麻醉了，來動刀吧！

樹胡椒用來止痛

古人知道咀嚼樹胡椒的葉子，嘴巴就會麻木。如果把它擦在傷口上，則有止痛的效果。它們的果實也有抗菌的作用。

長春花治療兒童血癌

在馬達加斯加的熱帶雨林中，發現一種長春花植物，能使得到血癌的兒童生存機會從 20% 提高到 80%。可惜因為砍伐雨林，這種植物已經絕種。

來自雨林的重要農作物

除了藥物以外，也有許多人類的食物來自熱帶雨林，像是咖啡、巧克力、芒果、香蕉、甘蔗等。

ㄤˊ—— ㄤˊ——
ㄤˊ——

大象太太快撐不住了，我們動作要快！

我……我們？！

對！就是你們。

警察不是人民的保姆嗎？

這是藥草的照片，你們也來幫忙找，我們一起幫助大象太太。

好！

沒問題。

一二三，加油！

動物也在雨林採藥

　　動物住在雨林的歷史，比人類還要長久。所以有些動物生病時，也知道要在雨林裡採藥，治療自己的疾病。比方說，居住在非洲中西部的黑猩猩會吃「斑鳩菊」的莖髓，用來殺死腸子裡的寄生蟲；有時候，牠們也會把某種菊科矮灌木的葉子當成「瀉藥」來吃，幫助自己把腸道的寄生蟲排出體外。有趣的是，這兩種植物是當地原住民的傳統腸胃藥，很有可能就是古人觀察黑猩猩時，從黑猩猩那學來的藥方。

媽呀，好苦！

斑鳩菊能抗蟲、殺菌，但是味道很苦。據說，生病的黑猩猩吃斑鳩菊時，會一臉苦瓜臉呢！

科學家也曾觀察到，一隻懷孕的母象突然走到二十幾公里外的地方，取食一株紫草科植物的葉子和樹皮，然後很快順利生下小象。這種植物恰好是當地原住民的婦女用來「引產」的傳統草藥，所以不得不讓人懷疑——在醫學還不發達的古代，人類祖先很可能是從這些動物的身上學到草藥治療疾病的知識也說不定！

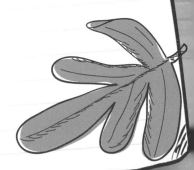

我的辦案心得筆記

報案人：熱心民眾

報案原因：目睹水豚引發火災

調查結果：

1. 桑吉巴紅疣猴是除了人類以外，唯一會吃木炭的靈長類動物。牠們經常偷人類柴堆中的木炭來吃，因為吃下木炭可以幫忙解毒。

2. 熱帶雨林是世界最大的「藥房」。因為雨林中的植物種類很多，超過四分之一的現代藥物是從熱帶雨林的植物中提煉出來。

3. 動物也會吃草藥來治療自己。有一些人類的傳統草藥知識，可能是從動物身上學習而來。

4. 黑猩猩醫生哭著吃完自己採的藥，馬上又打起精神治療病患。

調查心得：

雨林大藥舖，
不能不保護；
要找新藥物，
雨林是寶庫。

助人為樂

鸚鵡吃土傳說

欸～　　太奇怪了！

都已經過了這麼多天，還是沒有半點蛛絲馬跡……

會不會是熱帶雨林太過濃密，壞人做壞事很不容易被發現？

而且雨林動物這麼多，實在很難一個個過濾。

可是我還是不相信，熱帶雨林的動物會放火燒自己的家！

除非……

除非什麼？

除非有人勾結人類，目的是為了得到「錢」！

錢？

沒錯！把燒掉的雨林空地改成農田、社區

或遊樂園，可以賺很多很多錢！

可是，誰會為了賺錢燒掉這麼珍貴的雨林？

對啊，聽起來不合理。

我想到一種動物可能有嫌疑！

嗯？是誰？

金、剛、鸚、鵡——

為什麼？

有什麼可疑之處嗎？

雨林裡傳說鸚鵡家很窮很窮……

他們似乎很缺「錢」，所以極有可能幫人類做壞事。

為什麼人們會知道金剛鸚鵡家很窮啊？

很明顯，因為他們「吃土」啊！

※「窮到吃土」是一句網路流行語，用幾乎沒錢購買食物、只能吃土的情況來比喻人很窮。

金剛鸚鵡小檔案

0
50
100

（單位：公分）

名　稱	金剛鸚鵡
分　布	中、南美洲的森林與熱帶雨林。
體型與特徵	羽毛色彩鮮豔，是世界上體型最大的鸚鵡家族。他們喜歡成群活動，在森林裡快速飛行。嘴巴堅強有力，可以輕鬆咬開堅硬果實的果殼；還能發出嘹亮的叫聲，模仿其他動物的聲音，甚至學人類講話。
犯罪嫌疑	因為太窮，所以為了賺錢，幫壞人放火焚燒雨林？

怎麼可以因為他們窮，就懷疑人家做壞事？！

唉呦，在雨林裡大家都是這麼說的嘛～不信就算了！

金剛鸚鵡的確很怪……

雨林裡的食物這麼豐富，卻常常去吃一點營養也沒有的「土」。

但目前也沒有其他半點線索……

我們就到金剛鸚鵡家看看，說不定會有意外的收穫！

好吧。

嚇！

Let's GO!

又來了……

啾～

啾 啾～

°P °P °P

是誰啊？

我們是雨林派出所的動物警察。

想來問問，有沒有可疑的人在這裡出入？

擠

可疑的人？沒有啊，家裡只剩我跟孩子，其他人都吃土去了。

吃土？看來吃土的謠言是真的。

媽媽，是誰？

又是學校老師來找我嗎？

大家一起吃土去！

　　在熱帶雨林生活的金剛鸚鵡，經常成群的飛到崖壁上「吃土」。牠們經常一邊吃，一邊開心大叫、玩耍，形成一片美麗又壯觀的特殊景象。不過，金剛鸚鵡可不是什麼土都吃，牠們吃的通常是特定河邊崖壁上裸露的黏土。這到底是為什麼呢？

哼！你告訴老師，我是不會回學校上課的！絕、不！

：唉呀，不是老師，是警察先生。你這個孩子這麼倔強，真是拿你沒辦法……

：鸚鵡太太，發生了什麼事？小鸚鵡看起來是生病了，他是因為這樣不願意去上學嗎？

：不是的，說來話長。他是在學校一直被同學嘲笑，生悶氣氣出病來，沒有辦法去上學。

：有這麼嚴重嗎？小學生在學校亂講話，小鸚鵡你別當一回事就好了！

哼！當然嚴重，同學們都嘲笑我，說我們鸚鵡全都是窮光蛋！

同學為什麼會這麼說呢？

因為他們都說「窮到吃土」！

又來了？

啊，我的頭……

嗚嗚，我的寶貝～

鸚鵡太太，冒昧的請問一下......

你們真的這麼窮，窮到連飯都吃不起，所以要吃「土」嗎？

哼，連警察都這麼說！

氣死人了！我......

小鸚鵡！

這樣不行。

得快點讓小鸚鵡看醫生！

團長！呼叫團長！

請你把黑猩猩醫生載到金剛鸚鵡家。收到請回答！

好的，收到，我們馬上來。

可是警察先生，我們沒有錢看醫生。

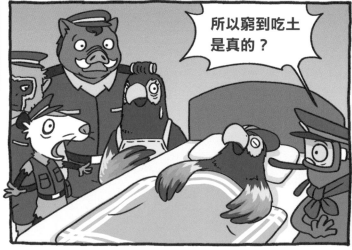

所以窮到吃土是真的？

唉呀，這跟吃土沒關係！因為孩子的爸很早就過世了……

只留下我們母子二人，生活過得比較清苦。

呼‧呼‧呼

醫生來了！

黑猩猩醫生，請進！

這就是生了病沒辦法上學的小鸚鵡。

嗯⋯⋯

嗯？

嗯～～

不用你付錢!

? !

黏土就是免費的營養補充劑。

在熱帶雨林裡的鸚鵡,本來就要定期去吃土。因為熱帶雨林實在太常下雨……

大量的雨水沖刷掉土壤裡的營養物質,所以雨林植物經常缺乏某些微量元素。

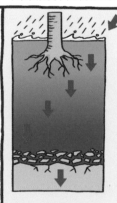

雨林表層的土壤有許多枯葉及養分,所以呈現黑色。但是地底下的土層不一樣,大部份的養分被大量雨水溶解、沖走,呈現紅色。

所以鸚鵡們平常吃的果實裡,缺少了一部分的營養,要從黏土裡補回來。

原來鸚鵡吃土不是因為窮,只是為了補充營養啊。

尷尬 尷尬

熱帶雨林的土壤貧瘠

　　熱帶雨林有豐富的植物和動物，植物的枯枝落葉、動物的屍體或糞便，都會為雨林的土壤帶來肥料，所以熱帶雨林的土壤應該是世界上最肥沃的，對不對？

　　答案是：錯！熱帶雨林的土壤其實非常貧瘠。雖然肥料來源多，但是使用肥料的植物、真菌更多！所以許多養分還沒進入土壤就被分解光了。而且，土壤中的養分還會隨著雨水流失，最後只留下不易溶解的物質使土壤呈現磚紅色。因此雨林中不少動、植物，都缺乏鈣、鎂、鈉、鉀等必要的微量元素。

熱帶雨林

雨水使土壤養分溶解、流失，叫做「淋溶作用」。

地表
枯枝落葉的養分豐富，但很快會被生長快速的植物吸光。

地下
鈣、鎂、鈉、鉀等微量元素被大量雨水溶解，向下滲透、流失。

動物吃土補充營養

　　除了鸚鵡之外，不少雨林動物都會用「吃土」或是「舔石頭」的方式來補充微量元素，只是之前沒有被人類發現。像是樹懶、狐猴、南美貘、吼猴等，都會挑選富含鈣、鉀、鎂、鈉等微量元素的黏土或含鹽的石塊，吞入這些特殊土壤來補充牠們長期缺乏的營養。

我們吃土但不窮，只是為了補充營養！

光面狐猴

樹懶

南美貘

你這孩子！

怎麼可以騙媽媽？！
給我站好！

鸚鵡太太別生氣。
現在先讓小鸚鵡好
起來要緊。

但是他現在
沒力氣飛到
河邊吃黏土，
怎麼辦？

那簡單，妳載我們
三個去挖土回來餵
他就好啦！

你們三個？

YA

好了，我們帶土回去吧～

抓緊囉～

我吃了縮小糖後，肚子有點不舒服。

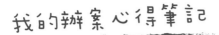

我的辦案心得筆記

報案人：長臂猿

報案原因：森林裡謠傳鸚鵡家族「窮到吃土」

調查結果：

1. 熱帶雨林看起來物產豐富，但其實土壤並不肥沃。地表下的土層，經常呈現貧瘠的磚紅色。

2. 因為熱帶雨林的雨水太多；大量的雨水會溶解、沖走土壤中的養分，使得熱帶雨林的動、植物經常缺乏微量元素。

3. 土壤上層的物質被雨水溶解、流失到下層的現象，稱為「淋溶作用」。

4. 金剛鸚鵡和不少動物會「吃土」，不是因為「窮到吃土」，而是為了補充鈣、鉀、鎂、鈉等微量元素。

調查心得：

森林謠言不可信，
小道消息別亂聽。
似是而非黑白說，
小心求證才聰明。

陷入險境

河裡的大傢伙

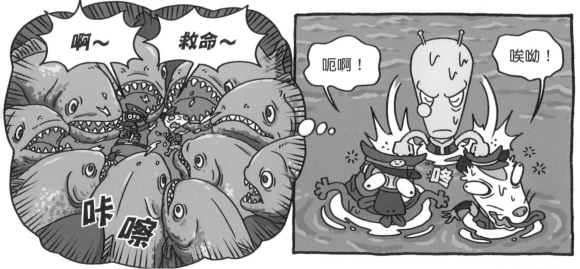

熱帶雨林有大河

　　熱帶雨林分布在赤道附近的熱帶地區，雨量非常充沛。這些雨水聚集成河，所以每座熱帶雨林都有大河經過，有時候甚至淹沒森林。其中最有名的，就是南美洲熱帶雨林的亞馬遜河。

　　亞馬遜河很寬，上游的寬度10公里，下游20～80公里，到入海口處可以達到240公里！（臺灣東西寬只有142公里）難怪亞馬遜河上連一座橋都沒有！況且兩岸的茂密雨林也不適合人居住，在大部分的時候都不需要橋梁。

　　除此之外，亞馬遜河的平均深度有45公尺。所以在這樣又寬又深的大河裡，能找到豐富的物種和巨大的魚類，一點都不奇怪。

食人魚小檔案

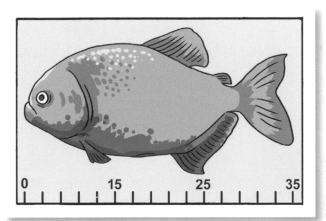

0　　　　　　15　　　　25　　　　35

（單位：公分）

名　稱	食人魚
分　布	南美洲的河流，尤其是亞馬遜河。
外型與特徵	體長通常只有十幾公分，但大型的種類像是紅腹食人魚，可以長達 35 公分甚至 50 公分。食人魚喜歡群體行動。牠們牙齒尖銳、咬合力強，但不只吃肉，也常以植物的果實、種子、葉子和昆蟲、蝦蟹為食。
犯罪嫌疑	追殺達克比一行人，想把縮小的他們當成掉在水面的昆蟲吃掉。

：食人魚沒有你們想像的那麼可怕！他們雖然會咬人，但是在南美洲熱帶雨林的大河裡，只算普通的小角色。

：可是食人魚的名字聽起來，就是連人都吃，很可怕啊！

：對啊對啊，聽說人啊、牛啊只要掉進水裡，幾分鐘內就會被成群的食人魚啃到只剩骨頭！

：那是電影把他們演得太誇張。食人魚是雜食性的魚類，最常吃的其實是河裡的小魚、小蝦，掉到河面的種子、果實，或是昆蟲和小動物。一般人只要不要濺起太多水花，不會引來食人魚啦！

：但是我們吃了縮小糖，現在體型很小……啊～你看後面！

快！快上來！

嘩

嘩

啊！

那是……

媽呀！怎麼一隻
比一隻還大啦！

這裡的食物太豐富，
養出象魚這些巨大的
傢伙，一點也不稀奇！

誰叫我們掉進
熱帶雨林的大
河裡！

河岸在那邊，
我們趕快游上去！

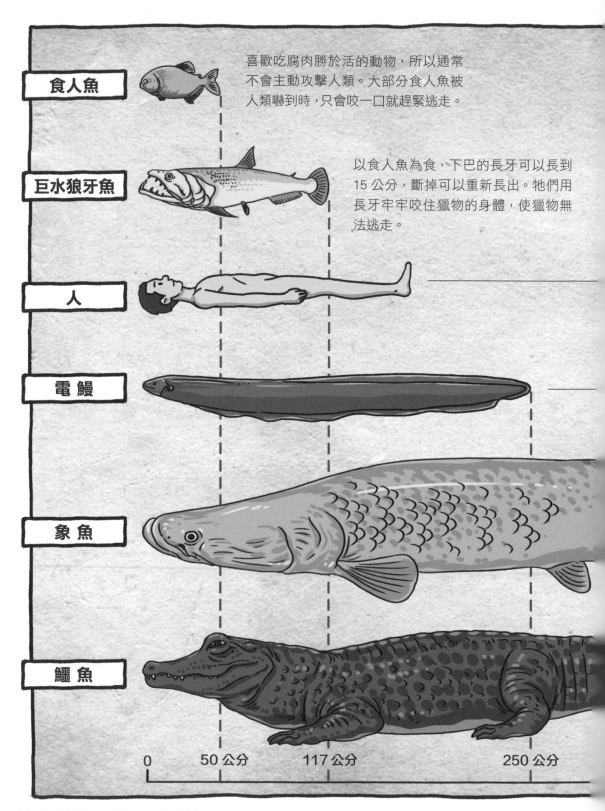

食人魚	喜歡吃腐肉勝於活的動物,所以通常不會主動攻擊人類。大部分食人魚被人類嚇到時,只會咬一口就趕緊逃走。
巨水狼牙魚	以食人魚為食,下巴的長牙可以長到15 公分,斷掉可以重新長出。牠們用長牙牢牢咬住獵物的身體,使獵物無法逃走。
人	
電鰻	
象魚	
鱷魚	

0	50公分	117公分	250公分

亞馬遜河裡的大傢伙

　　亞馬遜河是全世界河水量第一的大河流。不過即使是當地人，也不敢隨便跳進河裡面游泳。因為在混濁的水面下，隱藏著許多不可知的危險，除了恐怖的鱷魚之外，還有電鰻、食人魚，和各種巨大的魚類。

體型雖然普通，但不是省油的燈。經常釣食人魚、巨水狼牙魚，甚至象魚來吃。

一起來認識這些大傢伙～

身體的特殊肌肉同時放電時，能放出高達 600 到 800 伏特的電力。牠們用電捕捉獵物，被嚇到時也會放電（請見第 101 頁）。

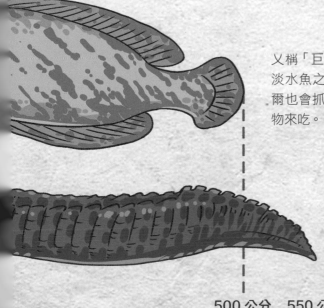

又稱「巨骨舌魚」，是世界上最大的淡水魚之一。平常以小魚為主食，偶爾也會抓小鱷魚、食人魚或其他小動物來吃。

個性凶猛。捉到獵物時，會咬住獵物、快速翻滾，利用這種「死亡翻滾」撕下獵物的手腳或肉。

500 公分　　550 公分

是鱷魚——

咔！

啊～

糟啦！

咕

嚕

啊～

咕

嚕

咚

啪

噁，好黏！

我們被吞進鱷魚肚子裡了！

怎麼辦？

我猜是「電鰻」電暈了鱷魚！

快！我們從這裡出去！

:電鰻是南美洲熱帶雨林的特殊生物。他們獵捕食物或遇到危險時，身體的肌肉會放電，把對手電暈或電死。

:連鱷魚這麼大、這麼凶猛的動物，也會被電嗎？

:會！電鰻是鱷魚的剋星！他們在雨林的大河裡幾乎沒有天敵。

:到了！打開鱷魚的嘴巴就得救了，我們一起把鱷魚的牙齒撐開！

電鰻大戰鱷魚

　　電鰻很特別，是一種會放電的動物。但是電鰻不是真的鰻魚，他們比較接近鯰魚，但是又不能稱為電「鯰」，因為電鯰已經是另一種會放電的非洲鯰魚的名字了。

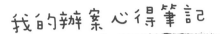

我的辦案心得筆記

報案人：運氣（是好運？還是壞運？）

辦案原因：在鱷魚肚子裡發現破案關鍵

調查結果：

1. 熱帶雨林的雨量充沛，雨水匯集成大河。所以熱帶雨林都有大河流過。

2. 南美洲熱帶雨林的亞馬遜河是世界上水量最多的大河。雨季來臨時，河流的寬度達到上百公里，所以河上沒有橋梁。

3. 亞馬遜河裡有許多巨大的魚。其中的「象魚」又稱「巨骨舌魚」，頭尾可達5公尺，是世界上最大的淡水魚之一。

4. 達克比和團長十萬火急的趕回派出所準備去捉壞人。趴哥則沿路一直揮舞著電擊棒，認為自己是破案英雄。

調查心得：

熱帶雨林雨水多，
河裡盡是大傢伙。
食人魚群不夠看，
電鰻不讓鱷魚活。

什麼！
怎麼可能？

我認識他很久了，
雖然他有時候嘴巴
比較壞……

但應該還是有
一顆溫暖的心。

不可能為了金錢
勾結人類，放火
燒掉雨林！

唉呀，你的猜測
太有創意，不可
能是真的！

這不是猜測。
你看！

我們在鱷魚的
肚子裡找到的
證據！

嚇

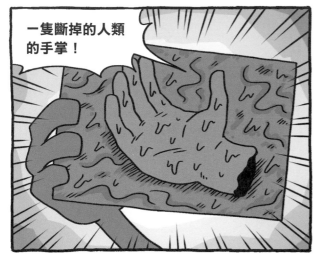

一隻斷掉的人類的手掌！

啊！好可怕～

抖

被鱷魚咬下來的？

哈！這種照片能證明什麼。

重點是，這隻手掌上握著一封信，你讀讀看！

人類先生您好：
上次你要我放火燒掉雨林A區的任務已經完成，
為什麼你遲遲沒有聯絡，把該付的錢付給我呢？
難道是因為野豬警察介入調查，你害怕事情東窗
事發？好，再給我一點時間。我會找機會約野豬去
酒吧，他是我多年的好哥兒們；相信只要我好好勸他，
他一定會答應加入我們。你等著我的好消息吧！

長臂猿刑警

啊

真不敢相信！
這……

啪

你跟他同事這麼久，
難道都沒有任何蛛絲
馬跡嗎？

他……

曾經抱怨當警察太辛苦。

真不是「猿」幹的工作！抓不完的壞人，累死我了～

月底常常跟我借錢⋯⋯

薪水不夠花，借我一點錢吧！

啊對了！

森林火災那一天，他臉黑黑的走進派出所，口袋還掉出一包火柴。

沒事、沒事！

剛才家裡烤肉用的、烤肉用的～

：人類放火燒雨林已經不是什麼新鮮事！早一步、晚一步，雨林遲早是要滅亡的！我只是趁機會賺一點外快而已，沒什麼大不了的。

：怎麼可以這樣說?!雨林的存在對地球很重要，它保護了眾多的動、植物，還不斷製造新鮮的氧氣……

：哼！這些你去向人類說啊！就算沒有我幫忙，他們照樣在幾年內燒掉一大片雨林！專家估計，每6秒就有一個足球場大小的雨林消失！與其到時候當個無家可歸的雨林難民，不如趁現在撈一筆，以後有了錢，想去哪裡就去哪裡！怎麼樣？野豬，你也加入我們吧！

婆羅州雨林的滑翔動物

　　婆羅洲雨林位於世界第三大島、東南亞的婆羅州上。這裡到處充滿著巨大的龍腦香科植物，這種植物的特色是高度很高（可以高達30層樓），所以很多動物都演化出能夠「滑翔」的特殊構造，因為不管是覓食或是躲避天敵，在這種高聳又茂密的植物之間，滑翔都比爬行方便多了。

飛鼠

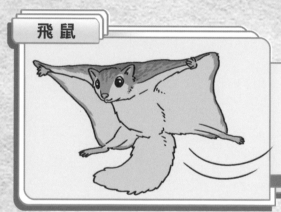

滑翔工具：
長著皮毛的翼膜，從脖子開始，
連到前腳、後腳。
最大滑翔距離：
90 公尺

飛蛇

滑翔工具：
用肌肉使肋骨向兩側張開，
讓身體變得又寬又扁。
最大滑翔距離：
100 公尺

飛壁虎

滑翔工具：
身體外側的皮膜、腳趾間的蹼，
還有扁平的尾巴。

最大滑翔距離：
60 公尺

飛蛙

滑翔工具：
腳趾之間的蹼。

最大滑翔距離：
15 公尺

飛蜥

滑翔工具：
身體兩側的翼膜，由 5 到 7 對延長的
肋骨撐開。

最大滑翔距離：
60 公尺

飛狐猴

滑翔工具：
類似飛鼠的翼膜，但不只從脖子連到
腳，還包住整條尾巴。

最大滑翔距離：
100 公尺

※ 飛狐猴不是狐猴，又稱為「鼯猴」。（「鼯」念成「ㄨˊ」）

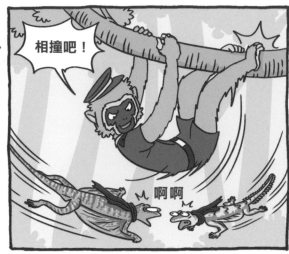

哈哈哈！我可是雨林裡最靈活的靈長類，就算你們會滑翔也抓不到我！

呼呼呼！

好樣的，看這是誰來啦？

呼～好喘……

我的辦案心得筆記

報案人：達克比

報案原因：在鱷魚肚子裡發現縱火犯寫的信

調查結果：

1. 全世界的熱帶雨林有三分之二遭到人為破壞，每六秒就有一片大約足球場大的雨林消失。

2. 人類放火燒掉雨林的目的，主要是為了砍伐木材、耕種農作物；但是熱帶雨林對地球環境非常重要，不但能維持生物多樣性、調節氣候，還能提供乾淨的水和空氣；人類應該努力保護熱帶雨林才對。

3. 滑翔動物是熱帶雨林的特色動物。因為在熱帶雨林中，滑翔是最快速、有效的移動方式，尤其是東南亞的婆羅洲雨林，擁有像是飛鼠、飛蛙、飛壁虎、飛蜥、飛蛇、飛狐猴等三十幾種滑翔動物。

4. 長臂猴被判刑，關進動物監獄。離開家鄉後的他，這才發現自己非常想念熱帶雨林。

心得：

長臂猿壞壞，滑翔客帥帥，
降落傘開開，大壞蛋乖乖。

繼續前行

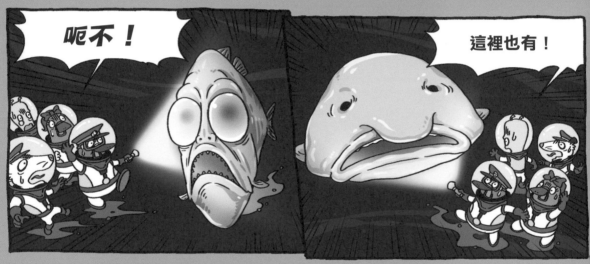

這些怪魚是誰？達克比他們又會遇上什麼事呢？　　　　　請看下集分解

1 野豬感嘆在熱帶雨林當警察真不容易！下列對熱帶雨林的相關敘述，何者有誤？

答：_____

❶ 熱帶雨林裡的樹冠層連在一起，形成一片「空中陸地」，更有人稱為「第八大陸」。

❷ 熱帶雨林有個特點，就是樹雖然很多，但動物卻特別少。

❸ 熱帶雨林通常分布在赤道附近，日照強烈、氣候炎熱，而且雨量非常充足。

❹ 熱帶雨林裡的樹木一直往上長，為的是爭取照到陽光。

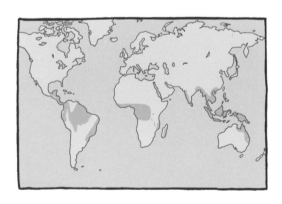

請找出下列題目的正確答案。

2 住在熱帶雨林的動物們，都有各自的適應方式。請幫左邊的動物，連上牠們的適應方式。

吃崖壁上的黏土來補充養分。

演化出能夠「滑翔」的特殊構造，不管是覓食或躲天敵都方便多了。

會吃斑鳩菊的莖髓，來殺死腸子裡的寄生蟲。

3 南美洲熱帶雨林的亞馬遜河，裡頭可是有許多恐怖的大傢伙躲在混濁的水面下呢！請將這些動物從短排到長。

答：＿＿＿＿＿＿＿＿＿＿＿＿＿＿＿＿＿＿＿＿＿＿＿＿

❶

❷

❸　　　　　　　　　　　　　❹

❺

解答篇

1

② 熱帶雨林有個特點，就是樹雖然很多，但動物卻特別少。

2

吃崖壁上的黏土來補充養分。

演化出能夠「滑翔」的特殊構造，不管是覓食或躲天敵都方便多了。

會吃斑鳩菊的莖髓，來殺死腸子裡的寄生蟲。

3

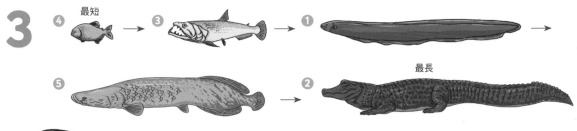

④ 最短 → ③ → ① →
⑤ → ② 最長

● 你答對幾題呢？來看看你的偵探功力等級

答對一題　☺ 你沒讀熟，回去多讀幾遍啦！
答對二題　☺ 加油，你可以表現得更好。
答對三題　☺ 太棒了，你可以跟達克比一起去辦案囉！

達克比辦案 ❶❷

雨林縱火犯

生物多樣性與
熱帶雨林生態系

作者	胡妙芬
繪者	柯智元
達克比形象原創	彭永成
責任編輯	張玉蓉
美術設計	蕭雅慧
行銷企劃	溫詩潔
天下雜誌群創辦人	殷允芃
董事長兼執行長	何琦瑜
媒體暨產品事業群	
總經理	游玉雪
副總經理	林彥傑
總編輯	林欣靜
行銷總監	林育菁
主編	楊琇珊
版權主任	何晨瑋、黃微真
出版者	親子天下股份有限公司
地址	臺北市 104 建國北路一段 96 號 4 樓
電話	（02）2509-2800
傳真	（02）2509-2462
網址	www.parenting.com.tw
讀者服務專線	（02）2662-0332　週一～週五：09:00~17:30
讀者服務傳真	（02）2662-6048
客服信箱	parenting@cw.com.tw
法律顧問	台英國際商務法律事務所 · 羅明通律師
製版印刷	中原造像股份有限公司
總經銷	大和圖書有限公司　　　電話：（02）8990-2588
出版日期	2022 年 12 月第一版第一次印行
	2024 年 7 月第一版第十次印行
定價	340 元
書號	BKKKC226P
ISBN	978-626-305-359-5（平裝）

國家圖書館出版品預行編目資料

雨林縱火犯：生物多樣性與熱帶雨林生態系 /
胡妙芬文；柯智元圖 . --
第一版 . -- 臺北市：親子天下，2022.12
136 面；17×23 公分 . --（達克比辦案；12）
ISBN 978-626-305-359-5（平裝）
1.CST: 森林生態學　2.CST: 生物多樣性
3.CST: 熱帶雨林　　4.CST: 漫畫
436.12　　　　　　　　　　　　　111017035

訂購服務

親子天下 Shopping ｜ shopping.parenting.com.tw
海外 · 大量訂購｜ parenting@cw.com.tw
書香花園｜臺北市建國北路二段 6 巷 11 號　電話：（02）2506-1635
劃撥帳號｜ 50331356 親子天下股份有限公司

立即購買 >